AF370230

PANTIN et D. ALQUIÉ.

PROJET DE COLONISATION.

SUPPLÉMENT

DE

RÉPONSE

À

QUELQUES OBJECTIONS.

ALGER.
TYPOGRAPHIE F. DELAVIGNE
RUE BAB-AZOUN.
1855.

Quelques personnes, quoique vivement sympathiques à
l'idée des villages départementaux, semblent hésiter à
donner leur approbation à notre projet.

Notre système, cependant, n'a d'autre but que la mise
en pratique, sur des bases plus larges et plus ration-
nelles, de l'idée de ces villages. Nous avons cru devoir en
dire quelques mots.

De nouvelles objections nous ont été faites; nous avons
cru de notre devoir d'y répondre.

Tel est le but des lignes suivantes que nous soumettons
avec confiance au jugement de MM. les membres du conseil du Gouvernement.

SUPPLÉMENT
DE RÉPONSE
A
QUELQUES OBJECTIONS.

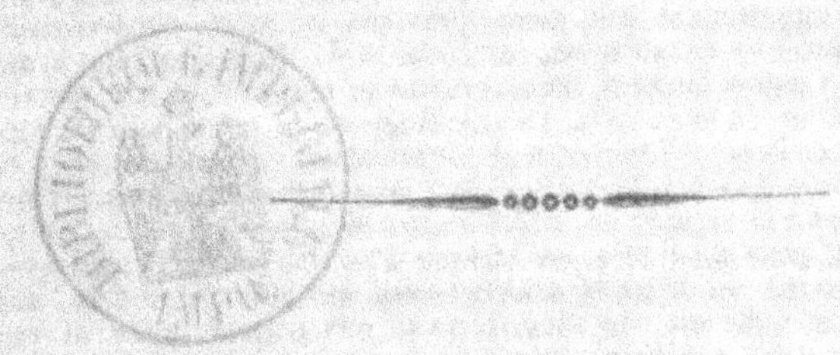

Villages départementaux.

L'idée des villages départementaux est une idée féconde dont les **heu**reuses conséquences ont été promptement appréciées.

La sympathie qu'elle a excitée et l'empressement que l'administration a mis à l'accueillir nous garantissent, d'un côté, son excellence, et, de l'autre, les bonnes intentions du gouvernement en faveur de la colonisation.

Si, malgré des efforts persévérants, le gouvernement n'a pu mettre cette idée en pratique, c'est que les conseils des départements ont, jusqu'à ce jour, refusé leur coopération à cette œuvre éminemment patriotique.

Ce refus est-il fondé ? Est-il regrettable ? Nous pensons qu'il est fondé et qu'il ne saurait inspirer des regrets.

Le résultat d'une nouvelle tentative de colonisation, en grande partie, aux frais et sous la direction d'agents du gouvernement, aurait eu le même sort que les tentatives semblables qui ont été faites jusqu'à ce jour.

Le gouvernement ne saurait réussir, non par défaut de bonne volonté, ni faute de bons administrateurs ; mais par d'autres causes signalées dans divers écrits et reconnues justes par l'administration elle-même (1).

(1) Dans notre précédente notice, en *réponse à quelques objections*, nous avons beaucoup emprunté à un recueil destiné à faire connaître les immenses ressources que présente l'Algérie; nous voulons parler des *Annales de la Colonisation algérienne*, rédigées avec un zèle, une persévérance et un désintéressement qui méritent à son principal rédacteur, M. Hippolyte Peut, la reconnaissance publique (2).

Nous nous permettrons de lui emprunter quelques lignes encore, aujourd'hui ; car elles viennent confirmer ce que nous disons relativement *aux difficultés que présente la mise à exécution de l'idée des Villages départementaux* PAR L'ÉTAT.

Voici un extrait de cet article remarquable :

« L'idée de grouper ensemble, sur le sol de l'Algérie, des populations fran-
» çaises d'origine, appartenant à la même province, au même département,
» à la même commune; se connaissant, par conséquent, de longue date; ayant
» mêmes habitudes, même langage, même croyance; trouvant, à leur arrivée
» sur le sol hospitalier de la colonie, l'image fidèle de la terre natale ; for-
» mant de petites sociétés distinctes dont les membres appartiendraient en
» quelque sorte à la même famille, et, grâce à la similitude des noms et des
» usages, pourraient à la rigueur se croire encore dans la mère patrie; en un
» mot transportant, pour ainsi dire, en Afrique d'un seul jet, la France avec
» ses lois, ses mœurs, sa religion, ses coutumes, ses affinités propres, son
» génie enfin, cette idée est incontestablement une grande, belle et na-
» tionale idée, et nous n'hésitons pas à la considérer comme l'une des
» plus séduisantes qui aient été proposées; mais il ne suffit pas qu'une
» idée soit belle, il faut encore qu'elle soit applicable et c'est là, selon nous,
» qu'est la pierre d'achoppement du projet des colonies départementales.

» A qui en confierait-on effectivement la réalisation, aux départements ?
» Mais qu'est ce qu'un département ? Un être collectif, un être de raison,
» représenté par le conseil général et par le préfet. Auquel des deux s'adres-
» sera-t on ?

Ni les conseils-généraux, ni les préfets ne pourraient, par des motifs longue-
ment développés par M. Peut, réaliser cette heureuse idée.

» Supposons cependant, ajoute M. Peut, que tout se passe au mieux;
» que le département se montre parfaitement disposé, que la somme de-
» mandée soit consentie de la meilleure grâce du monde, il faudra l'em-
» ployer, et là commence toute une nouvelle série de difficultés; on a souvent
» reproché à l'administration actuelle de l'Algérie, ses hésitations, ses dé-
» lais, ses retards, ses lenteurs, etc., etc., croit-on que l'on n'aura plus rien
» de semblable à redouter, quand, au lieu d'avoir à faire à une seule admi-
» nistration, qui, du moins, a un personnel préparé de longue main, des
» traditions éclairées par l'expérience, de puissants moyens d'action, on

(2) Dans notre *Réponse* du 30 juin 1851, pag. 16, en parlant des *Annales de la Colonisation algérienne*, nous avons qualifié ce Recueil de journal semi-*officiel*. Pour ne point éveiller d'honorables susceptibilités autant que pour rendre hommage à l'indépendance de caractère et d'opinion de son estimable rédacteur en chef, nous devons dire ici que, par ces mots, nous n'avons entendu exprimer qu'une chose : la confiance que l'on doit accorder aux document publiés dans les *Annales* qui sont, en grande partie, puisés à des sources officielles et authentiques. V.

Avantages que présente notre système sur l'idée primitive de ces villages.

Le projet, soumis aujourd'hui à l'examen du conseil supérieur, a pour résultat de substituer l'industrie privée à l'État; il réunit à tous les avantages

» devra recourir à quatre-vingt-six administrations départementales, qui,
» elles-mêmes, ne pourront agir qu'en seconde main; à quatre-vingt six
» administrations départementales, sans personnel spécial, sans traditions,
» sans moyens d'action, agissant isolément et livrées à toutes les influences
» locales, à tous les petits intérêts de clocher, à toutes les petites intrigues
» de commune, à toutes les petites passions de province; où le népotisme, le
» favoritisme, le privilège, jouent toujours un si grand rôle? Quant à nous,
» nous l'avouons en toute sincérité, nous ne pensons pas que ce soit là faci-
» liter, mais compliquer et embarrasser la solution du problème.

» La meilleure preuve des obstacles, nous dirons presque des impossibi-
» lités, que cette idée rencontre à son exécution, résulte de ce fait malheu-
» reusement significatif, que, depuis dix ans, elle a été conseillée par les
» hommes les plus éclairés, vulgarisée par tous les journaux, patronée par
» l'administration supérieure, hautement recommandée dans plusieurs do-
» cuments officiels, notamment dans le rapport adressé à l'Empereur par le
» ministre de la guerre, le 20 mai dernier : « *Combien ne serait-il pas à*
» *souhaiter*, lit-on dans cet important rapport, *que les conseils généraux re-*
» *prissent un projet sur lequel mon département, de concert avec celui de*
» *l'intérieur, avait appelé leur attention, à savoir :* LA CRÉATION DE VIL-
» LAGES DÉPARTEMENTAUX ! ... *La réalisation d'un semblable projet, exé-*
» *cuté avec ensemble serait digne de la France, et aurait des résultats aussi*
» *profitables pour la Métropole que pour l'Algérie.* » De telles paroles en-
» gagent, dit M. Ducuing; nous disons, nous : De telles paroles devraient
» engager; et pourtant, depuis dix ans, un seul département, celui de la
» Haute Saône, a essayé de réaliser le projet des colonies départementales.

» De si minces résultats, en présence d'une idée aussi fortement appuyée,
» suppose nécessairement un vice fondamental, et ce vice, suivant nous, le
» voici : Pour coloniser avec fruit, c'est-à-dire pour vaincre les nombreuses
» difficultés que rencontre inévitablement devant elle une œuvre aussi labo-
» rieuse que la colonisation, il faut un courage à toute épreuve, une acti-
» vité incessante, une indomptable énergie, une confiance que rien n'ébranle,
» une audace qui sache attaquer résolument les plus grands obstacles et qui
» en triomphe; il faut surtout un esprit libre de toute autre préoccupation,
» une attention de tous les jours, des soins de tous les instants, une persévé-
» rance infatigable; or, *toutes ces qualités, pour demeurer intactes et conser-*
» *ver leur force intensive, exigent, d'une manière à peu près absolue, de la*
» *part de celui qui les met en pratique,* UN INTÉRÊT CONSIDÉRABLE *dans*
» *l'œuvre entreprise.*

» *On peut les trouver* DANS UNE COMPAGNIE *dans des individualités dis-*
» *tinctes;* mais peut-on, doit-on même espérer les rencontrer dans des corps
» comme les conseils généraux, *qui n'auraient aucun intérêt direct et par-*
» *ticulier dans le but final;* qui ne représentent que des besoins locaux,
» n'ont qu'une existence éphémère, et ne possèdent qu'une vie d'em-
» prunt?

» Ce que nous venons de dire, relativement à l'absence *d'intérêt direct et*

,ne présente l'idée primitive des villages départementaux d'autres avantages considérables :

Autant que nous pouvons le savoir l'exécution de ces villages, par l'État, lui imposait de grandes charges ;

Notre projet exonère l'État de ces charges.

Elle faisait sortir des caisses départementales des sommes importantes ;

Notre projet laisse ces sommes à la disposition des départements qui pourront les appliquer à d'autres établissements d'utilité publique.

Indépendamment de la coopération de l'État et des départements, sous le rapport financier, il fallait encore trouver des colons possédant des capitaux ou des immeubles dont la réalisation leur fournit ces capitaux-

C'était là un inconvénient grave.

Nous avons dit, soit dans notre Mémoire, soit dans d'autres pièces jointes à notre dossier, combien il serait difficile de trouver en France un grand nombre *de cultivateurs* propriétaires ou fermiers, ayant des capitaux, qui consentissent à émigrer ; nous en avons déduit les motifs.

Nous avons également parlé de la facilité que l'on aurait à trouver des émigrants parmi les prolétaires agricoles, parmi ceux qui, pour unique bien, ne possèdent que leurs bras, leurs forces et leur intelligence, et qui manquent de pain lorsque leur manque le travail.

La colonie algérienne est-elle, pour les émigrants, un moyen d'améliora-

» *particulier* de la part des conseils généraux, s'applique également aux pré-
» fets, qui ne sont autre chose que les agents de l'administration centrale
» dont ils reflètent fidèlement et nécessairement le caractère. Or, on ne sau-
» rait demander raisonnablement à l'administration que ce qu'elle est apte
» à donner. L'administration est faite pour protéger, pour aider, pour faci-
» liter, pour entretenir l'ordre, pour maintenir la paix et fournir à l'individu
» les moyens d'agir dans la plénitude de ses facultés ; elle n'est pas
» faite pour créer ; elle ne le peut pas ; son tempérament propre, sa cons-
» titution particulière s'y opposent ; et, si elle l'essaie, elle le fait mal,
» parce qu'elle n'a pas ce qu'il faut pour réussir : *l'intérêt direct et personnel*
» que suppose et qu'exige absolument toute entreprise de longue haleine,
» toute œuvre de création qui doit lutter contre des difficultés excep-
» tionnelles.

» Voilà pourquoi, tout en sympathisant vivement à l'idée des colonies
» départementales, nous n'osons, malheureusement, en espérer la réussite ;
» voilà pourquoi, tout en faisant des vœux sincères pour que quelques dé-
» partements, quelques préfets, s'en emparent, nous comptons beaucoup
» plus sur *l'initiative individuelle et sur l'action* DES GRANDES COMPAGNIES.
» *Là, et là* SEULEMENT, *qui l'on en soit bien persuadé*, est L'AVENIR DE LA
» COLONISATION, *parce que là et là seulement, est l'intérêt direct, l'intérêt per-*
» *sonnel, l'intérêt considérable qui peut solliciter, encourager et soutenir*
» *l'action individuelle en lui faisant voir en perspective des avantages pro-*
» *portionnels aux efforts développés pour les conquérir.* » (Hippolyte PEUT,
Annales de la Colonisation algérienne, novembre 1854).

tion et de progrès social ; est-elle un moyen de fortune? ou bien, ne doit-on la considérer que comme un exutoire nécessaire , un moyen de débarrasser la Métropole du trop plein de sa population?

Dans les deux cas, notre système nous paraît plus équitable et plus logique.

Dans le premier et en considérant l'émigration comme un moyen de fortune, pourquoi offrir ce moyen à ceux qui jouissent déjà du bien-être et en priver ceux que la misère et la faim aiguillonnent si souvent. La charité doit-elle avoir pour but de grossir le pécule de celui qui possède ou de fournir du pain à celui qui en manque ?

Nous avons dit ailleurs, et, on l'a dit avant nous, dans toutes les langues, combien est heureuse la condition du cultivateur qui possède un coin de terre sur lequel, par un travail plus ou moins opiniâtre, mais toujours libre et indépendant, il peut récolter les principaux produits nécessaires à l'alimentation de sa famille ; fut-il obligé, pour suppléer à l'insuffisance des produits de sa terre, de consacrer une partie de son temps à des travaux mercenaires, il n'en serait pas moins heureux; car il peut rechercher, refuser ou accepter le travail étranger à peu près selon ses convenances et sa volonté. Sa position ne présente donc pas le même intérêt et ne doit pas inspirer la même sollicitude que celle du malheureux prolétaire dont le prix de la journée, suffisant à peine pour lui procurer le pain qui lui est nécessaire le jour où il travaille, le laisse exposé à mourir de faim lorsque le travail lui manque.

Dans le second cas, si l'on ne considère l'Algérie que comme un moyen d'éloigner de la France les crises économiques en l'allégeant incessamment du trop plein de sa population, c'est encore dans la classe des prolétaires agricoles que nous devons choisir les colons. Ventre affamé n'a point d'oreilles, dit-on ; mais en revanche il a des bras. Pourquoi donc si notre cœur ne nous parle pas en sa faveur, notre intérêt matériel resterait-il muet? Voulons-nous suivre les principes de la charité chrétienne, voulons-nous éviter les crises, améliorons le sort des classes laborieuses, donnons à ceux qui n'ont pas, non l'aumône, mais les moyens de vivre honorablement en travaillant et de mettre en réserve pour la vieillesse.

Un économiste moderne a dit : « Donnez au prolétaire le plus anarchique
» des droits, une place légale dans la société, et vous en ferez à l'instant
» un homme d'ordre, dévoué à la chose publique, car vous lui donnerez des intérêts à défendre. »

Sous ce rapport, il est facile de reconnaître les avantages que présente notre système sur l'idée primitive des villages départementaux.

Si l'on admet que le choix des colons dans les rangs du prolétariat

agricole est heureux, on peut avouer aussi que le métayage temporaire
que nous avons adopté est la seule transition rationnelle pour arriver du
prolétariat à la propriété, sans grever le budget de l'État et sans recourir
à l'aumône (2).

(2) On a paru craindre que, dans les conditions de métayage que nous
faisons aux colons, ceux-ci ne trouvassent point un bénéfice suffisant pour
nous rembourser.

Nous avons répondu à cette objection, dans notre précédente notice ; mais
nous ajouterons, à ce que nous avons dit à cet égard, l'opinion d'un agro-
nome éminemment intelligent, dont on ne peut contester ni la bonne foi, ni
l'expérience pratique.

Voici comment s'exprime M. BOABLY DE LA SAPIE, dans le journal LA COLO-
NISATION :

« Mais il ne faudrait pas croire que l'Algérie n'offre des ressources qu'aux
» familles qui peuvent y apporter cette somme, et que les villages ne soient
» peuplés que de propriétaires étant partis de chez eux avec *trois mille*
» *francs*. L'Algérie appelle l'ouvrier pauvre comme l'ouvrier aisé, elle n'offre
» pas moins d'avenir à l'un qu'à l'autre.

» Les ouvriers qui n'ont rien trouvent, en arrivant, du travail largement
» rémunéré : s'ils sont laborieux et économes, ils peuvent, même en se pla-
» çant à gages, mettre de côté, dès la première année, 400 francs pour un
» homme, et 200 francs pour une femme ; mais s'ils ont la pratique des
» travaux agricoles, ils trouvent à *mieux employer leur temps* en entrant
» comme *fermiers à mi-fruit* dans une exploitation déjà créée ; là, on four-
» nit de bonnes terres en culture, un matériel complet d'exploitation, bes-
» tiaux, instruments aratoires et semences, et on leur avance, en argent
» ou en denrées, ce qui leur est nécessaire pour l'entretien et la nourriture
» de leur famille.

» *Lors de la récolte, ils ont pour eux* LA MOITIÉ *du produit, sur laquelle
» moitié ils remboursent les avances relatives à leur nourriture et à leur
» entretien.* EN DEUX OU TROIS ANS, *ils ont, d'habitude, fait assez d'écono-
» mies pour être admis dans un nouveau Village*, et alors l'administration les
» accepte d'autant plus volontiers, qu'aux avances dont ils disposent vient
» se joindre, comme garantie du succès, l'expérience du sol et du climat ;
» les villages les plus prospères sont ceux qui ont été formés de cette ma-
» nière. *Plus souvent les ouvriers emploient leurs économies à* ACHETER DES
» TERRES *dans le voisinage de la localité ou sont leurs habitudes et leurs
» relations.*

» Qu'on ne nous taxe pas d'exagération, lorsque nous disons qu'une fa-
» mille, et même un bon ouvrier, peuvent arriver à ce résultat ; qu'on nous
» permette plutôt d'en offrir une preuve dans le rapport, si remarquable,
» fait au ministre de la guerre par M. Duranton, chef de la mission des ta-
» bacs. Cet employé supérieur dit, dans un passage de son rapport, qu'EN
» MOYENNE, *chacun des membres de la population agricole qui compose la*
» commune de Boufarik, a reçu l'an dernier, pour la seule récolte des tabacs,
» une somme de plus de 1,700 fr.

» Le bon ouvrier peut donc arriver ici sans argent : ce que l'Algérie lui
» demande, c'est du travail et de l'ordre ; avec cela, il parviendra avant peu
» à posséder en terres une fortune suffisante pour élever et doter sa famille.

» Si quelques ouvriers n'ont pas trouvé de travail, si quelques-uns sont
» restés plus ou moins longtemps à la charge de l'administration, c'est qu'il

Parmi les causes qui ont amené la chute des établissements fondés dans les premiers temps, nous avons signalé celle-ci : *Une bonne direction a manqué aux colons.* Nous avons développé ce motif ; mais nous nous permettrons de répéter ici ce que nous avions l'honneur d'exposer, à cet égard, à M. le ministre de la guerre dans notre demande de concession :

« Notre système du métayage présente encore un avantage considéra-
» ble qui doit être, pour le gouvernement, une garantie des soins constants
» et dévoués que nous apporterons dans l'œuvre de colonisation : celui de
» lier étroitement nos intérêts à ceux des colons, de combiner ces deux
» intérêts, de les souder, pour ainsi dire, de manière à n'en faire plus
» qu'un seul. Si nos colons échouent, notre capital peut être, en partie,
» perdu ; s'ils réussissent, nous réalisons des bénéfices. Nous sommes donc
» forcément obligés de nous intéresser à leurs travaux, à leur bien-être, à
» leur santé. Nous ne pouvons les abandonner ; nous devons rester à leur
» côté pour les diriger, les encourager, les aider, les suppléer même, au
» besoin, pendant une période de dix ans au moins ; et, alors que par suite
» des remboursements, nos intérêts séparés ne nous obligeront plus à
» nous identifier à leurs œuvres, ils seront dans une position heureuse et
» pourront eux-mêmes aider à l'établissement soit de leur famille, soit
« de nouveaux colons. »

L'Habitation du cultivateur est sur le lot à cultiver.

On a paru trouver le périmètre de nos villages trop considérable et l'on a supposé que certaines terres se trouveraient à 3 et 4 kilomètres

» nous arrive souvent des convois dans les conditions les plus déplorables.
» Ainsi il débarque des ouvriers *absolument incapables d'aucun travail agri-*
» *cole* et que les cultivateurs ne peuvent employer à cause de cela. D'au-
» tres fois, ce sont des familles nombreuses de huit, dix et même jusqu'à douze
» enfants, presque tous en bas âge ou trop jeunes pour faire un travail utile
» et dont le père et la mère ne conservent pas la moindre vigueur. Ce n'est
» pas la faute du pays si de pareils ouvriers n'y réussissent pas. »

Or si, avec LA MOITIÉ des produits, un cultivateur métayer peut, en 2 ou 3 ANS, gagner sur une terre qu'il sait ne jamais devoir lui appartenir, la somme de 3,000 fr. nécessaire pour être admis, pour son propre compte, comme concessionnaire dans un village, ou pour acheter des terres dans le voisinage de la localité où il a ses habitudes, pourquoi, avec les 2/3 des principaux produits et la TOTALITÉ des produits secondaires, ne pourrait-il pas parvenir à nous rembourser dans l'espace de DIX ANNÉES et acquérir ainsi la ferme sur laquelle il aura été établi à son arrivée en Afrique, et sur laquelle il aura d'autant plus volontiers appliqué son intelligence et ses forces, qu'il a toujours eu devant lui la perspective de la propriété.

des habitations, ce qui serait, en effet, un inconvénient grave ; mais il ne faut pas perdre de vue que les habitations des cultivateurs sont toutes établies sur le lot même des terres concédées à chacun d'eux et que le village proprement dit, qui seul se trouve à 3 ou 4 kilomètres de quelques lots, ne renferme que la population industrielle.

Mûriers et Industrie séricicole.

Il faut distinguer la culture du mûrier et l'éducation du ver à soie, de l'industrie qui a pour but le traitement du cocon afin de rendre la soie propre à être livrée au commerce. Celle-ci n'est que la conséquence de la première, et demeure étrangère au cultivateur et à l'éducateur. Partout où des mûriers ont été plantés, il s'est fait des éducations en harmonie avec l'importance des plantations. Les établissements où le cocon est mis en œuvre, pas plus en Afrique qu'en France, n'ont besoin d'être sur le lieu même de la production. Ils peuvent être situés à une certaine distance, car le transport du cocon est facile et de très peu d'importance en égard à la valeur de la matière. L'industrie suit toujours la production de la matière première. Aussitôt que les mûriers produiront des feuilles, il se fera des éducations et le prix de la feuille n'éprouvera, par l'absence ou l'éloignement d'une filature, qu'une diminution à peine sensible.

Chance de mauvaise récolte, Epidémie, etc.

Nous l'avons dit et nous croyons devoir le répéter : Les chiffres par nous posés sont la résultante *moyenne* des années bonnes, mauvaises et médiocres ; les récoltes avortées, les saisons contraires, ont été balancées par les très bonnes récoltes et les saisons favorables. Nos évaluations établissent le chiffre moyen de dix années comparées. Chaque année évidemment nos produits ne seront pas rigoureusement conformes à ceux que nous portons. L'économie agricole et la pratique nous sont trop familières pour nous laisser tomber dans une aussi fausse attente ; mais le total des produits de dix années, divisé par le nombre 10, devra nous donner, pour chacune de ces dix années, un chiffre moyen, égal à nos évaluations annuelles (1).

(1) Nous avons dit que le chiffre de 1,200 francs, par hectare, pour les tabacs, représentait la résultante moyenne des récoltes très bonnes, bonnes, médiocres et mauvaises, comparées, additionnées, et dont le total avait été divisé par le nombre d'années soumises à la comparaison.

Sans donner ici les chiffres assez nombreux qui ont servi de base à nos

Et, du reste, lorsque, sur un sol, les récoltes sont variées, les produits ne se compensent-ils pas ordinairement l'un par l'autre? Ne voit-on pas dans les années où certaines cultures sont contrariées par la saison, d'autres cultures donner des produits inespérés, par les mêmes causes? Le prix plus élevé d'une récolte qui manque, n'offre-t-il pas, souvent, un équivalent de la diminution dans la quantité?

Dans tous les cas, une récolte avortée, sans compensation, une mauvaise année, pourraient bien diminuer accidentellement nos profits ; mais notre système n'avorterait pas pour cela, — pas plus que les autres systèmes de colonisation soumis, forcément, aux mêmes chances.

calcul, nous pouvons, en quelques lignes, démontrer l'exactitude de ce résultat.

Nous avons prouvé par des citations nombreuses, puisées à des sources officielles et partant sérieuses, que certains planteurs avaient obtenu, pour les tabacs, 3,000 francs de produit brut par hectare, et que la moyenne des produits bruts obtenus à Bouffarik était de 2,400 francs.

En prenant pour *maximum*, non point le chiffre exceptionnel de 3,000 fr. mais seulement celui de 2,400; et pour *minimum*, celui de 400 fr., nous obtenons le résultat suivant :

$$2,400 + 400 = \left(\frac{2,800}{2}\right) = 1,400 \text{ fr. pour moyenne des deux années.}$$

En calculant sur 4 années :

    1 année très bonne
    1   »   bonne
    1   »   médiocre
    1   »   mauvaise

Et en établissant les moyennes de ces diverses années comme suit :

Années très bonnes variant de 2,400 à 1,800 =
$$2,400 + 2,200 + 2,000 + 1,800 = \left(\frac{8,400}{4}\right) = \qquad 2,100$$

Années bonnes, variant de 1,500 à 1,200 fr. =
$$1,500 + 1,200 = \left(\frac{2,700}{2}\right) = \qquad 1,350$$

Années médiocres, variant entre 1,000 et 800 fr. =
$$1,000 + 800 = \left(\frac{1,800}{2}\right) - \qquad 900$$

Années mauvaises, variant entre 600 et 400 fr. =
$$600 + 400 - \left(\frac{1,000}{2}\right) - \qquad 500$$

Nous trouvons, pour les 4 années, un total de   fr.   4,850

qui, divisé par 4, nous donne une moyenne annuelle de fr.   1,212 50

Le produit de 2,400 est le produit moyen ordinaire de Bouffarik ; nous ne portons, nous, comme moyenne exceptionnelle des très bonnes années que 2,40 r. N'est-ce pas là une preuve de modération?

Ce que nous avons fait pour le tabac, nous l'avons également fait pour tous les produits.

En établissant le résultat de notre opération, après réduction des produits présumés, à la moitié seulement, nous n'avons jamais entendu dire que la différence entre ce résultat extrême, celui que nous avons porté dans notre Mémoire constituât la part de l'imprévu. — Non ; la part de l'imprévu a été faite ainsi que nous venons de le dire : nous n'avons voulu tirer de ce résultat extrême qu'une seule conséquence, à savoir : Que, même en réduisant nos produits, pendant toute la durée de l'opération, à un chiffre impossible, même sur les sols les plus médiocres, les capitalistes, comme les cultivateurs, se trouveraient encore dans une situation très convenable, puisque les premiers retireraient un intérêt de 8 p. 0/0 la première année, et un intérêt moyen, pendant la période de l'association, de plus de 30 p. 0/0, — tandis que les seconds, en moins de trente ans, se trouveraient propriétaires d'une ferme parfaitement installée et en plein produit, résultat qu'il sont loin de pouvoir espérer en France.

Qui peut calculer, aujourd'hui, quel sera, dans trente années, par la seule force des choses et par suite du développement que peut prendre la colonie, la valeur d'une ferme semblable ?

Nous pousserons plus loin encore nos suppositions :

Nous avons admis, dans notre Mémoire, qu'une somme de 1,150 francs est suffisante pour l'entretien annuel d'une famille de colons. Nous croyons l'avoir suffisamment démontré dans notre *Réponse* du 30 juin dernier ; mais supposons un moment que cette somme soit insuffisante, et, comme conséquence de cette supposition, portons-la à 1,500 fr.

Il faudra absolument que la part du métayer soit au moins égale à cette somme, sans quoi, la culture ne lui fournissant pas les moyens de vivre et d'élever sa famille, il devrait y renoncer.

Dans cette somme de 1,500 francs, nous attribuerons 500 francs aux produits secondaires que le colon prend en totalité, et 1,000 francs seulement aux 2/3 des produits principaux qu'il doit percevoir.

Le 1/3 revenant au capital serait donc de 500 francs représentant un intérêt de 7, 70 0/0.

Mais, pour n'obtenir qu'un aussi misérable résultat, il faudrait que cinq hectares en céréales et deux hectares en tabac ne présentassent ensemble qu'un **produit brut** de 1,500 francs ; soit, en faisant une répartition équitable entre ces cultures, un **produit brut** de 500 francs par hectare de tabac, et pour les deux, ... fr. 1,000

et de 100 francs par hectare de céréales, soit,

    pour les cinq, ... » 500

                             Ensemble,   fr. 1,500

Un semblable rendement est-il probable comme **moyenne** des récoltes ? et, s'il était exact, serait-il permis, en conscience, de pousser la
population de la Métropole vers une terre aussi ingrate ?

Et cependant ce misérable résultat procurerait :

1° **Au cultivateur :** le moyen de vivre et d'élever sa famille :
avantage qu'il ne rencontre pas, en France, dans sa malheureuse condition de prolétaire.

2° **Au spéculateur :** un intérêt de 7, 70 0/0 sur le capital
avancé de 6,500 francs, parfaitement garanti par douze hectares en culture, une maison, un cheptel, etc., etc. ; le sol seul coûterait en France
au propriétaire, d'après la moyenne du prix des terres, de 25 à 30,000 fr.

3° Et, avantage important qui domine la question,

À la colonie :

3,200 familles de cultivateurs, soit, avec les familles d'artisans, envi-
ron 15,000 individus ;

Plus, 21,000,000 francs, que la compagnie doit verser dans l'entreprise, et enfin, annuellement, une somme de 6,400,000 francs représentant le *produit brut* de 3,200 fermes à raison de 2,000 francs par
ferme.

Ainsi donc, qu'on nous permette de nous répéter, nous n'avons point
étudié le résultat que nous procurerait notre opération, en réduisant
les produits d'abord à la moitié seulement du chiffre porté dans notre
Mémoire, ensuite à un chiffre inférieur au prix du travail employé, pour
établir la part de l'imprévu ; mais seulement pour prouver que les com-
binaisons de notre système ont été calculées avec un soin tel que, dans
les circonstances les plus mauvaises, les plus impossibles, le cultivateur, le
capitaliste et l'État trouveraient encore un avantage considérable dans
l'application de notre projet.

Pour nous, après avoir de nouveau étudié avec le plus grand soin et
la plus grande sévérité, les chances de notre entreprise ; après avoir
mûrement et consciencieusement pesé les objections, nous avons plus
que jamais la conviction que nous réaliserons les résultats établis dans
notre Mémoire.

Insuffisance de la somme allouée pour le cheptel
et les instruments aratoires.

On nous a objecté que la somme appliquée à l'achat du cheptel et des
instruments aratoires était insuffisante. Cette objection nous semble peu

fondée. Nous avons sous les yeux les comptes détaillés qui nous ont amenés à fixer cette somme, et nous pensons, forts de l'expérience que nous avons acquise en pareille matière, par suite de notre longue pratique tant en France qu'en Afrique, que les prix que nous avons portés, loin d'être insuffisants, sont assez élevés pour nous faire espérer la réalisation de quelques économies dans ces dépenses.

Influence du prix actuel des denrées sur notre opération.

Il est évident que, si l'on se bornait à établir le prix des bestiaux et des denrées alimentaires, d'après le cours anormal actuel, nos prévisions seraient insuffisantes ; mais il est évident aussi, et bien reconnu, que ce cours n'est qu'accidentel et ne peut être de longue durée ; — que, dans une opération de longue haleine, comme la nôtre, on ne peut adopter pour base des calculs que les prix moyens des dix ou quinze années précédentes, et c'est ce que nous avons fait. Il suffit, pour se convaincre du prix réel du bétail et des céréales, de consulter les mercuriales.

Au surplus, si l'on admet pour base, dans les dépenses, les prix actuels, faut-il aussi, pour être logique, les admettre pour les récoltes, et alors ces prix, loin de nous être défavorables, nous sont, au contraire, très avantageux. Un seul exemple peut nous servir à le démontrer, c'est celui des céréales :

Nous avons porté à fr. 12 le prix de l'hectolitre de blé. En adoptant comme moyenne de la quantité de blé à ensemencer, en Afrique, celle de 150 litres par hectare, nous trouvons, à raison de 12 fr. par hectolitre, une somme de ... fr. 18

Mais, en portant le prix du grain au cours actuel et moyen de 24 fr. l'hectolitre ; cette dépense s'élève à ... 36

et nous donne un excédant de dépense de ... fr. 18

Mais en conservant le chiffre de 15 hectolitres de produit par hectare et le chiffre du prix à 12, nous n'obtenons qu'un produit en argent de ... fr. 180

Tandis qu'en l'élevant au prix actuel de 24 fr., nous obtenons un produit de ... fr. 360

D'où un bénéfice pour nous, par hectare, de ... fr. 180

En déduisant de ce bénéfice l'excédant des dépenses
pour semence, ci,   18
____

Il nous reste encore un bénéfice de   162
____

Donc, cette augmentation de prix pour une denrée que nous produi-
sons, en quantité bien supérieure à notre consommation, nous est utile
au lieu de nous être préjudiciable.

Exagération des Produits.

Nous avons répondu précédemment à l'objection relative à la quotité
des produits par nous énoncés et nous n'y reviendrions point si, malgré
nos explications, elle n'avait été reproduite (1).

Nous trouvons encore dans l'*Akhbar*, journal publié sous les yeux de
l'autorité locale, une nouvelle preuve à ajouter à toutes celles que nous
avons déjà fournies pour établir la modération de nos chiffres.

Dans son numéro du 26 novembre 1854, ce journal contient, relativement au coton, les lignes suivantes :

« Si *des circonstances atmosphériques* ont contrarié cette année nos pro-
» ducteurs, si une saison anormale enfin a diminué le rendement espéré et
» diminué les récoltes, il n'en demeure pas moins prouvé que les condi-
» tions *climatériques et géologiques sont excellentes.*
» Nous croyons, *entre mille*, devoir citer un exemple *des succès à espérer.*
» Nous avons consulté un de nos propriétaires les plus laborieux, un de
» nos colons des plus importants et des plus capables.
» Voici ce qu'il nous a rapporté :
» Victime, comme tout le monde, des pluies torrentielles, il a expérimenté
» ses essais en choisissant un champ dans *des conditions de réussite* ORDI-
» NAIRE, sans recherch r les parties les plus heureuses ou d'un rendement
» inespéré ; il a trouvé trente capsules par mètre de superficie, lesquelles
» ont fourni 85 grammes de coton brut, soit 850 kilog. à l'hectare ; le coton

(1) Cette persistance à discuter des chiffres qui devraient être écartés de la
discussion (a) et à révoquer en doute la fertilité incontestable du sol africain,
peut avoir des résultats fâcheux qui, certainement, ne sont point dans les
vues de l'administration.

A cet égard, nous nous permettrons de rappeler les paroles prononcées par
M le général Daumas au Corps-Législatif, séance du 29 mai 1851 :

« *C'est en semant partout la défiance qu'on paralyse la colonisation, parce*
» *qu'on réussit à* ÉLOIGNER LES BRAS ET LES CAPITAUX. »

(a) Voir notre Réponse du 30 juin 1854, pag. 17 et 18.

» se vend 2 fr. le kilogramme ; soit fr. 1,700 pour l'hectare qui revient au
» plus à 500 fr., reste donc *1,200* *fr. de bénéfice net par hectare.* (1) »

L'administration supérieure ne peut être instruite des résultats obtenus que par les rapports de ses agents. Or, nous l'avons prouvé par de nombreuses citations, ces rapports donnent tous des évaluations souvent doubles et toujours supérieures aux nôtres ; ils provoquent de bien plus hautes espérances.

Si les évaluations établies dans ces rapports sont exactes, et nous affirmons que nous les tenons pour telles, pourquoi contester nos prévisions si inférieures ? Pourquoi, si les chiffres officiels sont erronés ou vrais seulement pour quelques localités exceptionnelles et privilégiées, ne pas rétracter les premiers rapports et laisser passer sans rectification des articles tels que celui que nous venons de transcrire et qui poserait comme règle ce qui ne devrait être considéré que comme une exception (2).

(1) *N. B.* — C'est à 1,200 francs brut seulement que nous évaluons nos produits.

(2)   **Céréales.**

Le *Cultivateur* *genevois*, du 30 août 1854, signale quelques résultats obtenus par les colonies suisses, récemment établies à Sétif. Nous allons comparer ces résultats à nos prévisions et prouver une fois de plus combien nos évaluations sont modérées.

« Le produit du froment a été de 18 à 20 hectolitres, ou en moyenne, 19
» hectolitres par hectare, soit en argent, de   313 50
» Le produit de l'orge a été de 25 à 30 hectolitres, ou
» en moyenne de 27 hectolitres par hectare. »

Nous n'avons porté, dans notre Mémoire, que 45 hectolitres de froment pour une valeur en argent par hectare, de fr.   180
et 18 hectolitres d'orge pour une valeur de, fr.   126
En multipliant le produit d'un hectare tel qu'il a été obtenu par les colonies suisses, soit 313 50 par le nombre de 4 hectares qui, dans notre assolement, doivent recevoir le froment, nous obtenons, un total de, fr.   1,254
Le *Cultivateur* *genevois* ne fixe pas de prix pour l'orge ; nous l'établirons modérément à fr. 9 l'hectolitre, c'est pour les
27 hect. obtenus   243

               Ensemble, fr.   1,497

Dans notre Mémoire, nous ne portons pour
le froment que   fr. 720
et pour l'orge,   » 126

              Ensemble, fr.   846

Ce qui nous laisse une différence à
ajouter au produit de chaque famille   }   fr.   1,497
de nos colons, de   fr. 651 }

Difficultés et Frais de défrichement.

Les difficultés prévues par la commission de Sidi-bel-Abbès, soit sous le rapport des frais de défrichement, soit sous le rapport de l'insuffisance des eaux, sont exagérées, et, dans tous les cas, n'existent point pour les territoires nouveaux (l'Hillil, la Mina et le Chélif) que nous demandons ; car ces territoires sont abondamment pourvus d'eau, et n'exigent pour produire que le travail ordinaire de la charrue dans un champ en culture.

Les Citations de l'ouvrage de M. de Gasparin sont incomplètes.

On a fait à nos citations de l'ouvrage de M. de Gasparin, sur le métayage, une objection qui paraît sérieuse au premier abord ; mais qui, au fond, ne saurait avoir aucune portée.

« *Vos citations*, nous a-t-on dit, *sont exactes et, de ces citations isolées, il résulte, il est vrai, que l'opinion de M. de Gasparin est toute en faveur du métayage ; mais pourquoi n'avez-vous pas cité aussi les passages dans lesquels M. de Gasparin fait ressortir les inconvénients graves de ce système ?* »

Voici notre réponse : Tout ce que M. de Gasparin a écrit en faveur du métayage est applicable à notre système ; rien de ce qu'il dit touchant les inconvénients de ce mode d'exploitation ne peut être invoqué contre nous et nous le prouvons.

D'abord, ce n'est qu'en comparant entre eux les trois principaux systèmes de culture : *Culture directe*, par le propriétaire, *métayage* et *fermage à prix d'argent*, qu'il parle des avantages que ces divers

---

Cette différence de produits obtenus avec nos produits présumés n'est-elle pas une nouvelle preuve de notre modération ?

Les colonies suisses sont-elles placées dans des conditions meilleures que celles dans lesquelles se trouveront nos colons ? Nullement : même climat, un sol également fertile, et, en notre faveur, un assolement très favorable à la réussite des céréales. Nous renvoyons, à cet égard, à ce que nous avons dit à la page 47, de notre *Réponse* du 30 juin dernier, et à notre Mémoire dont nous nous bornons à extraire les lignes suivantes :

« Pour peu que les cultures préparatoires et celles qu'on doit lui donner « pendant sa végétation soient soignées, le blé donne en Afrique de très hauts « produits. Or, placé comme il l'est dans notre rotation, ne revenant sur « le même sol que quatre fois en douze ans, il doit nous donner des produits « très élevés. »

systèmes présentent l'un sur l'autre *dans diverses circonstances données*, et qu'il trouve, dans quelques-unes de ces circonstances, des inconvénients au métayage comparé aux deux autres modes d'exploitation.

Ainsi, dans les pays où l'on trouve des cultivateurs assez riches pour n'exiger aucune avance du propriétaire, pour ne laisser à celui-ci aucune crainte sur le paiement du fermage, et alors que le propriétaire, éloigné de sa propriété, ne peut surveiller l'exploitation, le fermage en argent est préférable.

Mais partout où l'on ne trouve pas des fermiers dans ces conditions, partout où le propriétaire se trouve dans l'obligation de faire les avances du cheptel, des travaux, et où, surtout, il faut qu'il fasse au fermier l'avance de ses dépenses de nourriture et d'entretien en attendant les récoltes, le fermage à prix d'argent est infiniment dangereux. Le métayage doit être seul adopté.

Or, nous trouvons-nous dans la première de ces hypothèses ? pouvons-nous choisir indistinctement et suivant nos intérêts, des fermiers riches à rente fixe ou des métayers ?

NON ;

D'un côté, nous avons dit combien il serait difficile de trouver en France, dans la classe des cultivateurs propriétaires, un grand nombre d'individus décidés à venir en Afrique pour y prendre des concessions comme propriétaires ; cette difficulté serait bien plus considérable si nous ne voulions les appeler que comme fermiers avec obligation d'apporter un capital suffisant.

D'un autre côté, notre position n'est pas celle d'un simple propriétaire qui a à opter entre deux moyens donnés pour tirer un revenu de sa propriété ; notre opération n'a pas seulement pour but de nous procurer sur le sol d'Afrique des revenus plus ou moins élevés.

Notre but est de faire une opération telle qu'en obtenant pour nous des bénéfices d'une certaine importance, nous puissions faire également une chose avantageuse à l'Algérie, à la France et à la classe, si digne d'intérêt, des prolétaires agricoles.

Dès lors, plus d'hésitation sur le choix des fermiers ; il nous faut absolument les prendre dans les classes laborieuses, parmi les déshérités ; nous ne devons prendre que des cultivateurs, des pères de famille intelligents, honnêtes, laborieux, mais pauvres.

Avec ces hommes, dans leur intérêt autant que dans le nôtre, le fermage à prix d'argent doit être exclu. Le métayage seul est praticable.

Il est donc inutile d'entrer dans un examen plus approfondi des inconvénients ou des avantages réciproques que présentent, comparés entre eux, ces deux systèmes et de dire lequel des deux doit être préféré ; le fermage à prix d'argent est impossible.

Mais, en dehors de la question de savoir dans quelles circonstances le métayage doit être préféré au fermage en argent et *vice versâ*, reste l'examen du système de métayage appliqué à notre projet. Tel que nous l'avons établi, est-il praticable, est-il avantageux ?

Ainsi présentée, la question ne peut se résoudre qu'en faveur du métayage. Nous croyons en avoir assez dit dans notre Mémoire et dans notre précédente *Réponse*, auxquels nous renvoyons, ainsi qu'à l'ouvrage cité de M. de Gasparin, pour nous borner ici à dire, en deux mots, comment les inconvénients que ce mode d'association présente en quelques circonstances, disparaissent dans l'application de notre système de colonisation.

Les principaux inconvénients que présente le métayage sont les suivants :

1° *L'impossibilité, pour le propriétaire, d'adopter un budget régulier pour sa maison, à cause de la variabilité des récoltes.*

Cet inconvénient n'existe pas pour notre société.

2° *L'emploi que le métayer peut faire de son temps, en dehors de la propriété affermée, soit en journées, pour d'autres propriétaires, soit en travaux dans une terre lui appartenant.*

3° *L'application sur des terres lui appartenant des engrais faits sur la propriété affermée.*

Avec notre système ces inconvénients disparaissent ; car le cultivateur n'est fermier que pour un temps limité, la propriété qu'il exploite est la sienne ; il n'en a pas d'autre. Tout le temps, tous les engrais qu'il y consacre lui profitent, dans le présent, en grande partie, et, en totalité, dans l'avenir. Trouvant à vivre chez lui par un travail indépendant, il ne cherchera point du travail chez autrui.

4° *L'emploi du travail et des engrais aux cultures qui lui appartiennent en totalité, au détriment des cultures qui doivent être partagées.*

Le colon a trop d'intérêt à la réussite des plantes industrielles pour employer les engrais sur d'autres cultures ; les seules récoltes qui lui appartiennent en propre, il ne peut les vendre ; il doit les consommer dans la ferme. Pourquoi chercherait-il à les augmenter en leur consacrant des engrais destinés à des récoltes qui, seules, lui procureront de l'argent par la vente et sur lesquelles il prend une si forte proportion dans le partage ?

5° *L'extension de certaines cultures qui lui appartiennent en totalité, au détriment des récoltes qu'il partage.*

L'assolement imposé fait disparaître cet inconvénient. L'intérêt même du cultivateur lui défend cette fraude, comme il lui impose le bon emploi des engrais.

6° *La difficulté pour le propriétaire d'opérer la vente des denrées qu'il reçoit au lieu d'un fermage en espèces.*

Cette difficulté n'en est pas plus une pour nous que celle que nous avons signalée sous le n. 1.

7° *L'impossibilité de faire des améliorations telles que plantations, creusement de fossés, création de prairies artificielles, drainage, etc.*

Dans les conditions du métayage ordinaire, cet inconvénient est le plus grave de tous ; mais, avec notre système, il disparaît complétement ; car la propriété sur laquelle le cultivateur fait ce genre d'améliorations est sa propriété ; c'est sous son nom qu'elle a été concédée, grevée seulement, pour un temps limité, d'une redevance en nature. Les plantations, l'assainissement se font donc au profit du métayer et non au profit d'un maître ; car le maître du sol, c'est lui.

8° On nous a objecté *les discussions et les graves conséquences qu'entraîne souvent le partage des récoltes.*

Nous reconnaissons toute la gravité de cette objection dans les conditions ordinaires du métayage. Nous avons expérimenté nous-mêmes et quelquefois d'une manière fâcheuse, combien ces discussions sont pénibles, dangereuses, même ; mais nous avons aussi reconnu :

1° Que le partage ne présentait de semblables difficultés que lorsque des conditions trop onéreuses avaient été imposées au métayer et que la gêne et la misère, conséquences de ces dures conditions, excitaient en lui de mauvaises passions;

2° Que, très rarement, ces discussions ont lieu à propos du partage des principales récoltes. Le partage journalier du jardinage, du laitage, des œufs, de tous les petits produits enfin, amène seul des discussions qu'un fol amour-propre et de ridicules prétentions enveniment trop souvent.

Avec notre système, cet inconvénient ne saurait exister :

D'un côté, la large part que le colon prend dans les récoltes, et qui, à l'époque du partage, fait entrer l'abondance dans sa maison, le rendent moins exigeant; il est heureux, les mauvaises passions sont assoupies ;

D'un autre côté, tous les petits produits, causes de tant de discussions et de haines, sont entièrement abandonnés au colon, et leur partage ne vient plus s'opposer à la bonne harmonie qui doit exister entre celui-ci et le propriétaire.

Cette grave objection ne peut donc nous être opposée.

9° Un sujet de discussion très grave se rencontre encore dans les *dégâts que le colon, ses enfants ou son cheptel occasionnent quelquefois aux plantations, aux clôtures, aux constructions, etc.;*

Notre système écarte encore cette difficulté : les plantations , les constructions, etc., sont la propriété du métayer temporaire. Tout dégât commis ne nuit qu'à lui seul, et il y veille. Dans le métayage ordinaire, loin d'empêcher les dégâts, il y coopère. Combien de plantations, de travaux utiles ont été endommagés, anéantis par la négligence ou la volonté du fermier !

10° Enfin : *le métayer se trouve dans une plus grande dépendance que le fermier à prix d'argent, et cette dépendance, sans issue, le rend quelquefois mou, paresseux, insouciant, ennemi de toute amélioration qui ne doit profiter qu'au maître ou principalement au maître.*

Dans nos colonies, cette dépendance n'est que passagère, et sa durée peut être abrégée par le métayer au moyen d'un plus grand déploiement de force ou d'intelligence. Or, cet amour de l'indépendance, cette constante aspiration de tout individu vers un état plus libre, qui produisent souvent de si fâcheux résultats, dans les conditions ordinaires, se transforment, pour nous, en une cause puissante de stimulation. Tout en travaillant de manière à ne point épuiser un sol qui est sa propriété, en cherchant à l'améliorer, le colon aura constamment pour but de lui faire produire le plus possible afin, de hâter son remboursement et par suite l'époque de son émancipation.

Ainsi l'application de notre système tend à moraliser, à utiliser, au profit de la société, deux des plus énergiques penchants de l'humanité : *l'amour de la propriété et l'amour de l'indépendance,*

On a parlé d'*éventualités, de calculs problématiques :*
Mais qu'y a-t-il de si éventuel, de si problématique dans notre projet

en dehors des éventualités que présentent tous les travaux, toutes les industries ?

Sans doute, si nous fondions les résultats de notre colonie sur certains systèmes d'association encore à l'état de théorie, sur des cultures ou des industries non expérimentées encore, telles que l'éducation du *Bombix Cynthia*, la culture du *Sorgho Saccharifère*, etc., etc., il y aurait bien des éventualités à redouter ; mais, d'un côté, notre culture ne comprend que des plantes bien connues, *les céréales* et *le tabac* ; de l'autre, notre mode d'exploitation a lieu par le système du métayage bien connu aussi et amélioré par la perspective de la propriété.

Enfin, les concessions ne seront accordées qu'à des cultivateurs intelligents, laborieux et familiers avec tous les travaux de la culture.

Nous ne voyons là rien de bien problématique ; nous ne faisons que ce que chacun fait et fait avec profit.

L'importance de l'affaire doit-elle être considérée comme un obstacle à la réussite?

L'importance de l'affaire semblerait inspirer quelques craintes et quelque hésitation ; mais c'est cette importance même qui est une garantie du succès. Il ne s'agit pas, du reste, d'installer immédiatement 3,200 familles ; mais seulement le huitième, soit 400 familles. L'affaire, quant à son installation, est donc réduite de fait de sept huitièmes. La deuxième année, il est vrai, elle augmentera d'un huitième ; mais alors le personnel de la société aura acquis plus d'expérience ; les habitants du premier village, initiés aux nouvelles pratiques agricoles, n'exigeront plus une direction aussi immédiate, et les rapports de la Société avec les premiers colons se borneront à quelques travaux de comptabilité et à la perception des récoltes. Les colons moniteurs laissés dans les villages suffiront pour compléter l'éducation des premiers installés ; car nos colons, choisis parmi des agriculteurs possédant la pratique des travaux des champs, et, plusieurs d'entre eux, l'habitude des soins qu'exigent les cultures industrielles, seront, dès la deuxième année de leur installation, capables de diriger leurs travaux. Il en sera de même à la troisième année pour le second village.

La question de réussite n'est donc point dans l'importance de l'affaire ; mais, ainsi qu'on l'a dit, dans le choix, dans la valeur des hommes que nous appellerons. Or, d'un côté, nous sommes trop convaincus de l'importance de ce choix pour y apporter la moindre négligence, et, de l'autre, nous avons les moyens d'arriver à ne faire que de bons choix dans les quatre départements qui doivent principalement nous fournir nos colons.

Évidemment, si notre capital n'augmentait point en proportion du nombre des colons, il y aurait danger à augmenter l'importance de l'affaire. En d'autres termes, si, avec le capital suffisant pour l'établissement de 400 colons, nous voulions en établir 3,000, nous échouerions ; mais il n'en est point ainsi : après avoir établi rationnellement et largement le chiffre nécessaire à l'établissement d'un colon, nous multiplions ce chiffre par le nombre des colons et nous arrivons à un total suffisant pour le total des colons comme le chiffre normal l'était pour un seul.

Trouverait-on plus de chances de réussite à diviser l'affaire et à ne nous accorder que 5,600 hectares nécessaires à l'établissement d'un village pour concéder, séparément, à sept autres compagnies les sept autres villages que nous demandons ?

Nous ne le pensons pas.

Ainsi divisée, l'opération présenterait moins d'unité dans la direction ; il faudrait 8 administrations générales au lieu d'une seule ; enfin, sauf les agents subalternes, il faudrait 8 fois le même personnel.

Donc, d'un côté, des frais généraux 8 fois plus considérables et de l'autre défaut d'unité.

Mieux vaut, ce nous semble, une seule Compagnie.

Tendance politique de notre Projet.

Quelques personnes nous ont accusés de vouloir fonder de petits phalanstères.

D'autres ont cru voir dans notre projet des tendances socialistes.

D'autres, enfin, nous ont, au contraire, accusés de vouloir rétrograder de plusieurs siècles et de chercher à remettre en pratique l'ancienne féodalité.

Nous ne pensons pas qu'il soit nécessaire de répondre à ces accusations autrement qu'en renvoyant à la lecture de notre Mémoire.

Mais nous pouvons affirmer que notre projet a été conçu et sera exécuté en dehors de toute préoccupation politique. Nous n'avons jamais eu en vue qu'un double but vers lequel il nous sera toujours permis de marcher, et que nous atteindrons sous toutes les formes de gouvernement ; car, à tous les gouvernements, quelles que soient leurs tendances, il présente un intérêt matériel incontestable :

1° De rendre productif, par la culture, un sol immense et d'une haute fertilité dont les produits augmenteront la richesse publique et les revenus de l'État ;

2° De faire profiter de la gratuité de ce sol la classe laborieuse de l'agriculture et de transformer les prolétaires en propriétaires aisés, par le seul emploi de leur intelligence et de leur force.

Tel a été notre seul et unique but. Nous croyons pouvoir l'avouer hautement.

RÉSUMÉ.

En somme, et pour nous résumer, nous dirons que, si, comme nous en avons la certitude, l'idée des villages départementaux a reçu un accueil très favorable auprès de l'administration algérienne ; que si le Gouvernement-Général a vu, dans la mise en pratique de cette heureuse idée, des avantages majeurs, nous pouvons espérer qu'il accueillira favorablement notre demande ; car elle n'a d'autre résultat que de nous amener à l'exécution partielle de ces villages avec les avantages suivants :

1° De ne grever ni le budget de l'État, ni les caisses départementales ;

2° D'augmenter la richesse privée et publique par l'association du capital et du travail ;

3° De moraliser le travail ;

4° De procurer du pain à un grand nombre de familles honnêtes et laborieuses auxquelles le travail et, par suite, le pain manquent trop souvent ;

5° De donner un but moral à l'ardent désir d'acquérir, que tout homme possède ;

6° De coopérer à la solution d'un problème important : *La Transformation du Prolétariat ;*

7° De concourir à assurer la tranquillité publique en donnant des droits et des intérêts à défendre à une classe intéressante et active qui, aujourd'hui, n'a à se défendre que de la misère et de la faim.

À tous ces titres, nous osons compter sur les sympathies de MM. les membres du Conseil supérieur.

Alger, le 15 février 1855.

PANTIN.

ALGER. — Typ. DELAVIGNE, rue Bab Azoun, entrée par la rue de la Flèche, 2.

www.ingramcontent.com/pod-product-compliance
Lightning Source LLC
LaVergne TN
LVHW020634180726
843502LV00006B/2036